# nana's stitch

# nana's stitch

# nana's stitch

# nana's stitch

# 小巧可愛的立體刺繡
# nana's stitch

人氣手作家的布雜貨、口金包、小物創作書

三浦 名菜

参考作品（作法未收錄）

2

# 序言

本書是在2019年於手工&工藝展上

以「花圈與動物刺繡包」（左方照片）榮獲最優秀獎，

而以獎品形式出版的書籍。

第一次成為一名作者，於是格外謹慎小心。

我以自己喜歡的圖樣：洋甘菊、熊、貓熊為主，以和大家一起上課的概念，

留心除了刺繡方法以外，也以簡單明瞭的方式解說如何製作成雜貨。

不管是針法或者顏色，若不照著書本上的指定，而是添加自己的喜好調整，

想必會對作品更有愛。

一針一線刺繡的時間，雖然漫長、卻也無比珍貴。

我認為一直動著手指，就像是一種讓心靈維持平穩的咒術。

希望大家也都能夠更安穩、長久享受這個樂趣。


這本書在2021年1月時，因為原先的出版社休業而絕版，

這次能夠以「新裝版」重新出版，實在令人開心。

希望能給大家一個好兆頭的作品！

所以我加上了新作「呼喚幸福的護身符」。

這個「護身符」是模仿大家向神社或者寺廟求來的符，

以古法一針一線將願望縫進去的。

希望這個東西能送到你珍視的人手上。

　　2021年4月


三浦名菜

# Contents

# *panda with a bag* ···口金零錢包

在手掌大小的口金包，繡上最喜歡的熊貓。

口金包圖案&作法 ⇒ p.46

畫框內為參考作品（未刊載刺繡方法）

*pandas & bears* ··· 包釦

可用來改造成耳環、徽章、別針，或是髮圈等飾品的包釦。
請盡情享受大量製作的樂趣。

圖案&作法 ⇒ p.47至p.49

*mimosa wreath with panda*

圖案 ⇒ p.50

*mimosa wreath with panda* …圓圓束口袋

繡個和平象徵的圓形花圈，製成圓形的束口袋。
將包包裡的小物們都完美收納。

圖案&作法⇒ p.50、p.51、p.53

*triple ice cream cones with pandas*

圖案 ⇒ p.50

*triple ice cream cones with pandas*

···圓圓束口袋

繡個和平象徵的圓形花圈，製成圓形的束口袋。
將包包裡的小物們都完美收納。

圖案&作法 ⇒ p.50、p.52、p.53

*panda & bears with leaves*

圖案 ⇒ p.54

*panda & bears with leaves* ···寬底拉鍊包

繡上熊貓和熊的單一圖樣，
與香草結合在一起，製成圖徽樣式。
加上裡布，就能作成愛用的拉鍊包。

圖案&作法 ⇒ p.54、p.56、p.57、p.67

*bears with leaves*

圖案 ⇒ p.55

*bears with leaves* ···平口拉鍊包

可以放入小筆記、護照等物品，伴隨旅行。
這款拉鍊包用來裝手帳或卡片也非常適合。
刺繡的位置，不管是在中間或左右角落，都很棒呢！

圖案&作法 ⇒ p.55至p.57、p.67

圖案 ⇒ p.58

*ladybug*

*strawberry*

*cherry*

*corn on the cob*

# ladybug, strawberry, cherry & corn on the cob ···小圖樣

可以繡在布料上、製成耳環、或直接繡在包包上，
也可製成戒指或餐桌墊，不同的搭配，展現不同的面貌。

圖案&作法 ⇒ p.58、p.59

*gerbera daisies*
圖案 ⇒ p.60

*gerbera daisies & sunflowers* ⋯ 口金包

這是一款底寬約6cm的口金包。
更換布料和繡線的顏色，就能一改氛圍，洋甘菊也能變成向日葵。

圖案&作法 ⇒ p.60、p.59

*flower alphabet*

圖案 ⇒ p.63

21

*flower alphabet* ···針線包

使用口金製作的對摺版迷你針線包。
左邊的口袋塞了棉花，製成針包。

圖案&作法 ⇒ p.62至p.65

22

*flower alphabet* ···針包

8cm×8cm的針線工作夥伴。
在底部放入厚紙板，就不必擔心針會穿過去，
厚度也不會過高，不會讓針在棉花裡頭成了迷路的孩子。

圖案&作法 ⇒ p.62、p.63、p.66

*chamomiles*

圖案 ⇒ p.68

# chamomiles···口金包

將洋甘菊的圖案組合，製成口金包。
繡上許多就會有華麗的感覺，也能夠享受較長的刺繡時間。

下方口金包圖案&作法 ⇒ p.69、p.75至p.77

參考作品
（圖案並未刊載）

herbs with hemp string

圖案 ⇒ p.70

*chamomile bouquet with bow, herbs with hemp string*

···書套

作成小筆記本尺寸的書套。
可以拓展讀書的樂趣，也能當成禮物。

圖案&作法 ⇒ p.70、p.72、p.73

*herbs with hemp string*

## ··· 隱藏式寬底迷你提包&口金零錢包

迷你包具有4cm的底部寬度，容量比外表看起來的還多，非常好用。
麻繩的刺繡圖樣，也可以繼續繞到後方作成十字型。

圖案&作法 ⇒ 包包p.70、p.71 零錢包p.70、p.74、p.76、p.77

*Panda with a lucky four-leaf clover*

## ··· 祈求幸福的四葉草與熊貓護身符

只要有少許布料就能製作，因此也可以活用零碼布。
以緞帶打出蝴蝶結，將願望放進去，封起來吧！

圖案&作法 ⇒ 袋子p.31

*Panda with a lucky four-leaf clover* ···祈求幸福的四葉草與熊貓護身符 ⇒ 圖片p.30

**材料**（卡其、灰色、藍色皆相同）
繡布／薄款細麻布　10cm×20cm（表布）
繡線／ＤＭＣ25號繡線　使用顏色請參照圖片
布襯／薄款棉質　10cm×20cm
手工藝品用化纖棉花、寬0.3cm的緞帶40cm
厚紙板／3.5×5cm
**工具**　錐子、螺絲起子

**完成尺寸**
寬4.5cm×長8cm
（不含緞帶）

**製作方式**
❶　將布襯以熨斗燙在繡布上。
❷　參照圖案與p.38至p.40、p.42在步驟1的布料
　　正面上刺繡。
❸　依照版型剪下，製成護身符（參照下圖①－
　　⑦）。

## 原寸紙型、圖案配置圖
● 熊貓的刺繡方法參照p.40～p.42（雙線）
● 眼睛、鼻子、嘴巴為310；只有嘴巴使用單線

### 表布＋布襯各一片
● 刺繡之後再裁剪

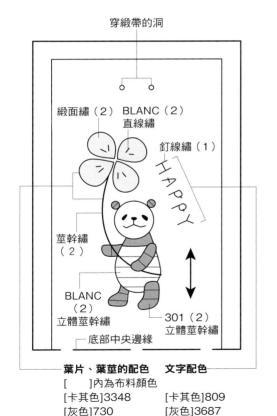

穿緞帶的洞

緞面繡（2）　BLANC（2）
直線繡
　　　　　　　　釘線繡（1）

HAPPY

莖幹繡
（2）

BLANC
（2）
立體莖幹繡

301（2）
立體莖幹繡

底部中央邊緣

**葉片、葉莖的配色**　　**文字配色**
[　]內為布料顏色
[卡其色]3348　　　[卡其]809
[灰色]730　　　　[灰色]3687
[藍色]3348　　　　[藍色]745

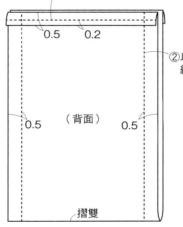

①將兩端往內側摺起縫合。

0.5　　0.2

②以底部為中央將表布往內摺兩摺，
　縫合左右兩邊。

0.5　（背面）　0.5

摺雙

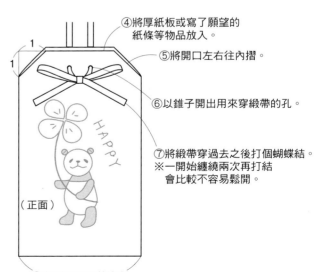

④將厚紙板或寫了願望的
　紙條等物品放入。

⑤將開口左右往內摺。

⑥以錐子開出用來穿緞帶的孔。

⑦將緞帶穿過去之後打個蝴蝶結。
　※一開始纏繞兩次再打結
　　會比較不容易鬆開。

HAPPY

（正面）

③翻到正面調整邊角，
　可以拿螺絲起子從內側調整，
　就會有漂亮的角度。

參考作品「庭院中玩耍的兔子」（並未刊載刺繡方法）

# How to make

※封面、封底的圖案在p.78、p.79，
※扉頁（p.1）的圖案在p.59。

# 工具與材料

以下介紹本書中使用的繡線與布料等材料，都是製作時使用順手的工具。
讀者可以參考本頁，再選用喜愛的繡線和布料，或另外尋找慣用的工具，加上一點自己的點子享受刺繡。

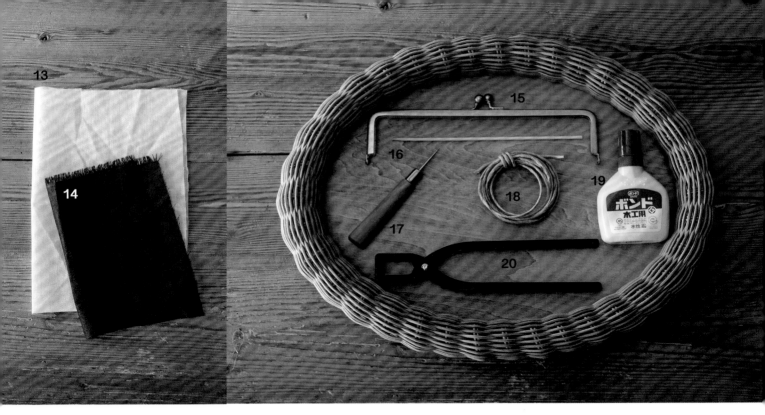

## 1. 玻璃紙
若直接描圖在描圖紙上，描圖紙會破掉，請將玻璃紙放在圖案上使用。

## 2. 描圖紙
用來複寫圖案。雖然也可以影印，但描圖紙本身透明，用來決定圖案配置非常方便。

## 3. 布料用複寫紙
用來將圖案轉印在布料上的複寫紙。若選擇手工藝品用材料，之後用水就能洗掉了！

## 4. 繡框
使用直徑8cm、10cm的繡框。
如圖在框的內側捲上布料，就不容易滑掉、繡布可以拉得很緊。

## 5. 粉土筆
若圖案消失了，可以用筆補一下。

## 6. 鐵筆
用來描繪（複寫）圖案時使用。

## 7. 25號繡線
由6條細線撚在一起的棉線。

※使用時，剪成約60cm的長度，一條條抽出，再將需要的數量搭在一起使用。
※若使用兩條線，就會寫成「雙線」，本書中繡線號碼後面的（ ）代表繡線數量。

## 8. 針、針包
刺繡針使用的是法式繡針。初學者建議使用7號（雙線）和6號（3股）。順手以後就可以使用比較細的8號（雙線）和7號（3股）。

## 9. 棉花
手工藝品用的化纖棉花。用來塞進作品當中作成立體刺繡。

## 10. 裁縫剪刀
專門用來裁剪布料的剪刀。

## 11. 繡線用剪刀
專門用來剪線的剪刀。

## 12. 繡布
使用麻布
※麻布在洗過以後就會縮水，製作作品之前必須先過水。（將布料泡在水裡幾小時之後脫水風乾，在沒有完全乾燥的時候就要燙平，確保經緯線是直的）。

## 13 · 14. 布襯
薄款的棉布襯。配合繡布顏色選用布襯。

※若需貼布襯，使用熨斗130℃－150℃在整塊布料上約壓10秒的時間。
熨斗高溫×…會造成布襯融掉、焦掉或萎縮。
※不織布的布襯△…刺繡完成後熨燙容易有皺褶。
※刺繡之後再貼上×…對於有高度的立體刺繡，很容易造成燙過後就有皺褶。

## 製作口金包的工具

## 15. 口金
方型的口金會比圓形或橢圓型的更容易製作。

## 16. 竹籤
用來將黏著劑塗到口金深處。

## 17. 針錐
用來將布料戳進口金。

## 18. 紙繩
用來填補口金和布料之間的空隙。

## 19. 黏膠
使用手工藝品用或木工用黏膠。

## 20. 口金壓平工具
若擔心口金會脫落，可以壓平口金的邊角固定布料。

## 製作完成後使用的工具

### ■熨燙用手套
為了避免壓壞立體部分，使用熨燙用手套。將刺繡面朝下放在熨燙用手套上，鋪上布料，噴霧之後以中溫熨燙。也可以使用抱枕之類較為柔軟的東西代替。

# 立體刺繡使用的針法

妝點本書圖樣的5種針法，以下列步驟說明

〔莖幹繡〕

使用於植物莖部的針法，用來作為螺旋網繡的基礎。

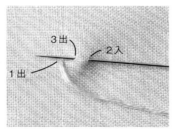

① 開始刺繡時，從1出針，在前進一針位置的2入針，回頭半針處3出針，將線拉好。

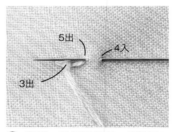

② 與第一針相同長度，前進到4處入針，從5出針。

③ 刺繡前進時，線要一直在手邊方向，繡完時，入針要在前一針出線的位置。

〔螺旋網繡〕 ※為使讀者容易理解，中途更換繡線的顏色，實際上刺繡時是不換線的。

使用於洋甘菊的花蕊或者動物的臉龐部分。本書當中會塞入棉花作成立體的樣子。
（圖片是繡好第一圈之後，正要開始繡第二圈的樣子）

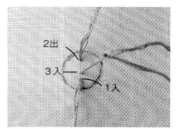

① 在圖案的圓圈正中央入針，線尾不打結、直接回針開始繡。

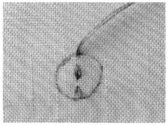

② 在圓圈上端出針。

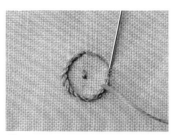

③ 以莖幹繡繡出圖案輪廓，作成接下來刺繡的基底。

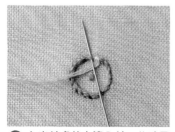

④ 在出針處的左邊入針。此時只以步驟③的線稍微挑起布料。

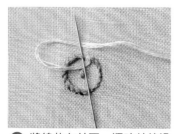

⑤ 將線放在針下，順時針繞過針。

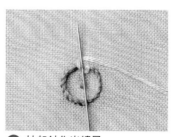

⑥ 抽起針作出繡目。

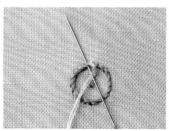

⑦ 接下來挑起左邊的布孔，以相同方法刺繡。

⑧ 不需要在意底座的莖幹繡間隔，只要等距離挑起布目即可。

⑨ 結束時，挑回原先的繡目，完成第一圈。

36

## 〔莖幹繡上色〕

將莖幹繡排列在一起填滿整面。

●莖幹繡與輪廓繡的差異

基本上,是以相同的要訣刺繡,但輪廓繡會將線放在對面刺繡,線也會撚得比較緊,讓人覺得刺繡較為立體。

莖幹繡

輪廓繡

## 〔立體莖幹繡〕

線條凸起的樣子,相當美麗的針法。使用於動物耳朵部分。

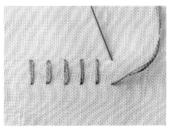

❶ 等距離繡上直線繡。

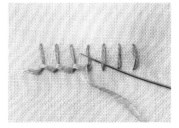

❷ 使用其他繡線,像是捲起步驟❸的線條那樣地繡,一直繡到看不見直線繡為止。

## 〔雙重結粒繡〕

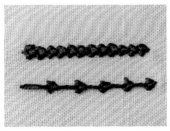

可以利用不同間隔作出不同表現的針法。若使用4線以上刺繡,會相當有存在感。
上:縮小間隔繡
下:放大間隔繡

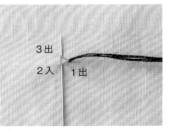

3出
2入　　1出

❶ 以正三角形為導引,從線條正中央出針,接下來在左方能夠拉成正三角形的位置入針。

❷ 在1和2之間將針穿過去,將線放在針下作出第一個結。將線拉緊就會變成一個漂亮的結。

❸ 再次將針穿過同一條線,將線放在針下,作出第二個結。

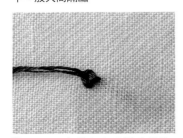

❹ 如此一來就作出了雙重結粒繡。

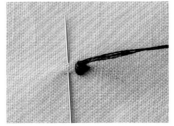

❺ 之後重複步驟❶(從「2入」開始~❹)繼續繡下去。

❺ 開始作下一個結粒的樣子。

# 洋甘菊的刺繡方法

繡幾圈螺旋網繡（→參照p.36）
並塞些棉花進去營造立體感。
調整絲線的方向、一針一針仔細繡並拉出繡目，
就能夠作得相當漂亮。

## 繡花蕊

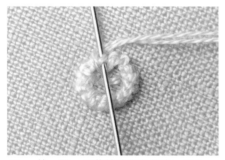

① 第一圈。以莖幹繡作為基底，繡上一圈螺旋網繡（→參照p.36）

② 第二圈。與第一圈的螺旋網繡相同作法，全部挑線繡好。圖片是正繡好第二圈的樣子。

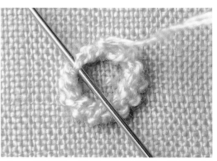

③ 第三圈。挑第二圈的繡目，跳開一目繡減少繡目。

④ 減少繡目繡好一圈之後，中央的洞就會縮小。

⑤ 為了增添高度，塞棉花進去（使用前端尖銳的東西會比較好塞）。

⑥ 確實塞好棉花。

⑦ 第四層。一樣挑第三層的線，但跳開一目刺繡。

⑧ 拉線收合中間的洞，從中央入針。

（背面）

⑨ 在背面把線頭穿過布料再剪斷。

## 繡花瓣

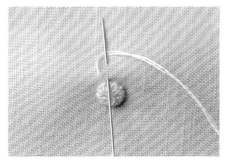

⑩ 將布料上下方向轉過來,使用立體莖幹繡+直線繡(→參照p.44)繡中央的花瓣。

⑪ 將線打理整齊,拉直以後就會拉出漂亮的線條。

⑫ 繡右邊兩片花瓣(邊緣稍微縮短些,平衡感會更好)。

⑬ 拿捏平衡在左邊繡上三片花瓣。

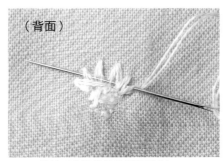

(背面)

⑭ 將線頭穿過背後的線再剪斷。

⑮ 將布料上下轉回原來的方向,花朵完成。

## 繡花莖、葉片

花莖

⑯ 以莖幹繡(→參照p.36)繡花莖、飛行繡繡葉片(→參照p.44)

⑰ 三片葉片在繡之前,將線穿成如圖所示,之後再連續使用飛行繡繡葉片。

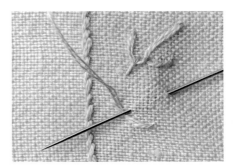

⑱ 以飛行繡一次繡完兩片葉子。

⑲ 拿捏平衡繼續以飛行繡繡葉片。

⑳ 以直線繡補上連接的花莖。

(背面)

㉑ 將線頭繞過背面的線之後剪斷即完成。

# 熊&熊貓的刺繡方法

與洋甘菊一樣將螺旋網繡（→參照p.36）繞幾圈，

塞棉花進去打造立體感。

只要更換顏色，就能夠作出熊、熊貓、白熊、台灣黑熊等。

本頁使用3股線刺繡說明。

若使用雙線，就要多繡一圈螺旋網繡。

質感也會不太一樣（→參照p.42）

## 熊的刺繡方法

❶ 第一圈。以莖幹繡作為基底，繡上一圈螺旋網繡（→參照p.36）

❷ 第二圈。與第一圈的螺旋網繡一樣全部挑線繡好。圖片是正繡好第二圈的樣子。

❸ 第三圈。挑第二圈的繡目，跳開一目繡減少繡目。

❹ 減少繡目繡好一圈之後，中央的洞就會縮小。

❺ 塞棉花進去（使用前端尖銳的東西，比較好塞）

❻ 因需換線，故在此時下針，於背面將線頭纏繞布料之後剪斷。※刺繡熊貓不需剪線，請繼續繡到步驟❼

❼ 第四圈。從步驟❻入針的位置處出針，拉出新的線之後，繼續繡螺旋網繡。

❽ 使用螺旋網繡繡完4～6圈（共三圈）。（不需要減少繡目，這樣才能夠作出高度）

❾ 確定作出高度之後，再次塞棉花。

⑩ 第七圈。開始跳開一目挑線減少繡目。

⑪ 拉線收洞，從中心入針。在背面將線頭穿過布料之後剪斷。

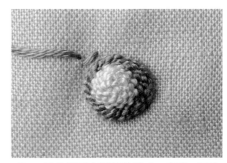

⑫ 耳朵使用立體莖幹繡（→參照p.37）刺繡。

⑬ 在直線繡上纏繞四、五圈之後，於耳朵與頭部連接處入針。

⑭ 以相同的方法繡另一邊的耳朵。

⑮ 眼睛使用雙線纏繞一次的法國結粒繡（→參照p.44）刺繡。

⑯ 鼻子以雙線繡兩次直線繡（→參照p.44）

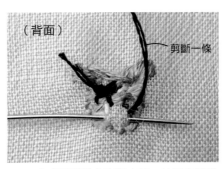

（背面）　剪斷一條

⑰ 在背面將線條穿過布料。接下來只剪掉一條線頭，以剩下的單線繼續刺繡。

⑱ 以剩下的一條線繡嘴巴。從步驟⑯的直線繡下面出針。

⑲ 從鼻子下面入針，繡個短的直線繡。

⑳ 使用飛行繡繡嘴巴。

㉑ 從步驟⑱出線的邊緣入針。

## 熊貓的刺繡方法

① 與熊一樣繡到步驟⑭為止，眼睛使用雙線以立體莖幹繡+直線繡（→參照p.44）刺繡。

② 鼻子與嘴巴的刺繡方式與熊一樣。

熊貓即完成。

## 很小很小的圖案使用雙線

實際大小

3股線　　　雙線

### ●3股線和雙線的不同

上面是將繡線3股線與雙線繡的熊放在一起進行比較。與3股線相比，雙線的臉會看起來比較緊實。
請依照喜好變更繡線數量。

### ●雙線的熊刺繡方法

① 在到第三層以前都與3股線（→參照p.40、p.41）的刺繡方法相同，第四層的時候隔一目挑前一層的線，開始減目。
※在換色前會比3股線繡的更多一層。

② 換線不減目繡五到七層。

③ 第八層開始隔一目減目繡，進行收洞。
※比3股線繡的時候多一層。

④ 繡表情的方式與3股線繡法相同。

### ●雙線繡的圖案

p.16

p.16

p.7

p.5

p.24

p.16

## 打造微笑表情

只要改變眼睛的距離或者鼻子的位置，動物的表情就會有所改變。若想作成開心的表情，在繡好嘴巴以後，以直線繡補繡線條，讓嘴角變成上揚的樣子，就會呈現笑臉。

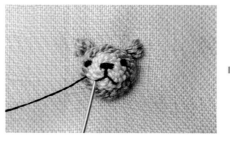

# 非洲菊的刺繡方法

非洲菊的花朵中央相當具有特色，使用雙重結粒繡（→參照p.37）與法國結粒繡（→參照p.44）表現。

使用4股線繡出立體感、提升存在感。

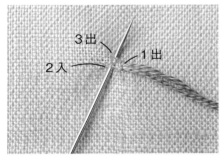

❶ 使用4股線從導引線的中央出針，以正三角為標準下針繡一個雙重結粒繡（→參照p.37）

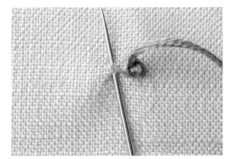

❷ 一樣以結粒為頂點作出正三角處入針，繡雙重結粒繡。

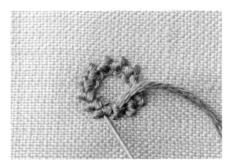

❸ 雙重結粒繡繞了一圈之後，從開始繡的點旁邊入針，將線頭繞過背面的線後剪斷。

❹ 使用雙線開始，繡纏繞兩次的法國結粒繡（→參照p.44）

❺ 由外側往中心繡滿就會很漂亮。

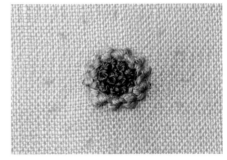

❻ 若有縫隙就繼續繡到補滿。

❼ 使用4股線繡立體莖幹繡+直線繡（→參照p.44）往四個方向繡。

❽ 拿捏平衡繡步驟❼的中間。

❾ 繼續繡中間，即完成。

43

# 基本針法

〔直線繡〕

最簡單的針法，使用於表現直線時。

〔鎖鍊繡〕

此針法乃是連續繡立體莖幹繡的結果。
本書中用來表現動物的服裝風格。

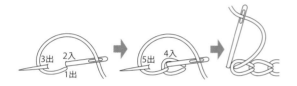

〔緞面繡〕

用於填補整面。刺繡時，將線平均拉好，就會很漂亮。另外，從要填補的整面中央往左右兩邊繡，會比較勻稱。

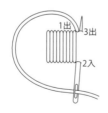

〔法國結粒繡〕

會成為一個圓點，填補整面時，也會運用這個針法。纏繞的次數，與拉針的強度，可打造出不同氛圍的結粒（插圖上是繞兩次。熊只有繞一次。）

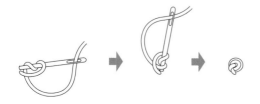

〔立體莖幹繡〕

用於表現葉片或花瓣。

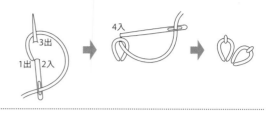

〔立體莖幹繡+直線繡〕

在立體莖幹繡上面繡上直線繡，就能夠表現出相當具存在感的橢圓。

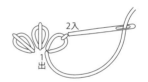

〔飛行繡〕

適合用來表現Y字型的針法。也用在表現洋甘菊的葉片。

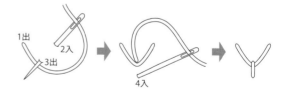

〔釘線繡〕

使用兩條線和針，以一條線去固定另一條線。用於填補冰淇淋三角杯的面或者書寫文字。

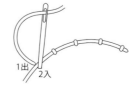

*Pattern & How to make*

# 圖案&作法

## 開始製作前

本頁記載的是主要作品中共同的事項。
在開始製作前請先同時閱覽「工具與材料」（p.34、p.35）之後享受立體刺繡的樂趣。

● 作品使用ＤＭＣ25號繡線

　圖案中的色號為ＤＭＣ的色號，與其他公司的線並不相符。

　色號後的（2）（3）等標記表示的是使用幾條25號繡線。

● 繡布使用的是petitfavori的薄款細麻布

　使用的顏色有淺米色、白色、海軍藍、黑色、卡其色、淺灰色。

　由於作品需要張力，因此請在刺繡前先貼好布襯（薄款棉質）。

● 開始繡的線頭可以打個結，或者留幾cm在布的正面（贅線），最後以纏繞背面的線頭剪斷。

　圖案若為圓形就在圓的中央回繡織後繡上輪廓（參照p.36螺旋網繡）

● 繡完的線頭在背面纏繞布料或線頭後再收拾。

　若是該針法包含塞棉花，就讓針從背面出來，纏繞圓形中央的布料再剪斷線頭。

*panda with a bag* ··· 口金零錢包 ⇒ 圖片p.5

**材料（2款相同）**
繡布／薄款細麻布
　　　25cm×15cm 兩片（表布、裡布）
繡線／ＤＭＣ25號繡線 使用顏色請參照圖案
布襯／薄款棉質　25cm×15cm（只有表布需要）
手工藝品用化纖棉花
口金／寬7.5cm×高3.8cm
　　　方形圓角金色（F18／7.5cm角丸G）
※口金包工具請參照p.35

完成尺寸　寬8cm×深8cm

**製作方法**
❶ 將內襯以熨斗貼在繡布（表布）上。
❷ 參照圖案與p.40～p.42、p.36在步驟❶的布料上刺繡。
❸ 將步驟❷的布料與裡布依照版型裁剪，作成口金包。
　（參照p.76、p.77）

## 原寸圖案
● 熊貓（頭、臉）的刺繡方法請參照p.40～p.42（雙線）
● 眼睛、鼻子、嘴巴為310；只有嘴巴使用單線。

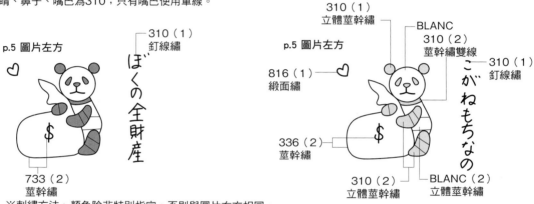

p.5 圖片左方

310（1）釘線繡
ぼくの全財産
733（2）莖幹繡

310（1）立體莖幹繡
BLANC
310（2）莖幹繡雙線
816（1）緞面繡
310（1）釘線繡
こがねもちなの
336（2）莖幹繡
310（2）立體莖幹繡
BLANC（2）立體莖幹繡

p.5 圖片左方

※刺繡方法、顏色除非特別指定，否則與圖片右方相同。

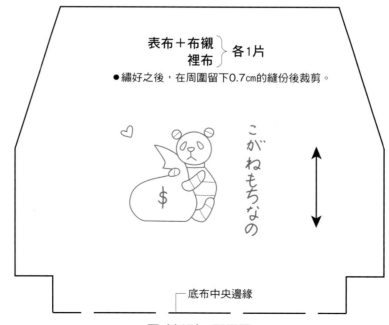

表布＋布襯 }
裡布 　　　 各1片
● 繡好之後，在周圍留下0.7cm的縫份後裁剪。

こがねもちなの

底布中央邊緣

**原寸紙型、配置圖**

*pandas & bears* …包釦 ⇒ 圖片p.6 · p.7

材料（1個的分量）
繡布／薄款細麻布　15cm×15cm
繡線／ＤＭＣ25號繡線　使用顏色請參照圖案
包釦底座／直徑15mm、38mm
珠子／小圓 7個（用於部分15mm鈕釦）
手工藝品用化纖棉花
皮革或不織布／作成耳針、手環或髮圈時，用來加工背面。
※若作成首飾，就準備首飾的零件與橡皮筋等。

完成尺寸　直徑15mm、38mm

製作方法
❶　請參照圖案與p.40～p.42、p.36在麻布上刺繡。
❷　配合包釦的尺寸摺好布料，裁成圓形。
❸　製作成包釦，因應需求加工成首飾（參照p.49）

### 直徑15mm 包釦　原寸圖案

● 熊、熊貓的刺繡方法參照p.40～p.42（雙線）
● 除了特別指定之外，皆使用雙線。
● 眼睛、鼻子、嘴巴使用310；嘴巴使用單線。

| 841 | 3033 | 169 | BLANC |
| ECRU | 3033 | 01 | 310 |
| 3831（4）<br>直線繡 | 3364（4）<br>BLANC（4）<br>交叉直線繡 | 3041（4）<br>直線繡 | 824（4）<br>直線繡 |
| **1 棕熊** | **2 白熊** | **3 灰熊** | **4 熊貓** |

841
ECRU
綠色的珠子
7個

**5 棕熊**

BLANC
310
綠色的珠子
7個

**6 熊貓**

### 緞帶的刺繡方法

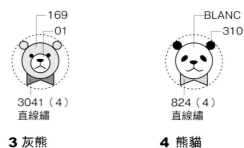

1出　　　3出
4入　　　2入

5出　　　7出
8入　　　6入

10入　　　9出

以直線繡縫合中央

### 珠子的刺繡方法

因為7個並不多，
所以一口氣串起來，
再照②、③那樣分批固定。

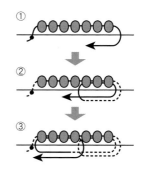

①
②
③

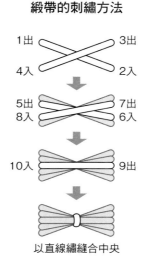

別針原寸紙型
（全部相同）

虛線是別針的尺寸
不要描這條線

摺份

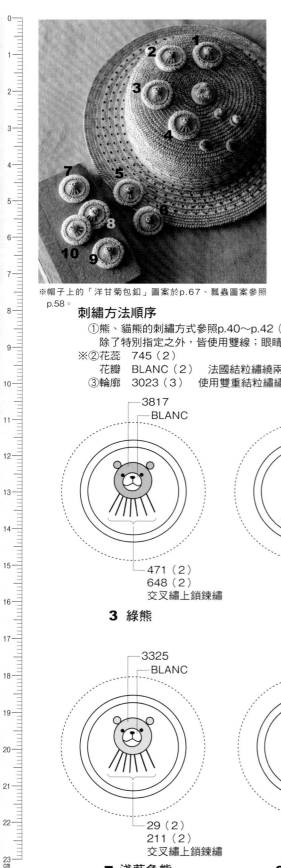

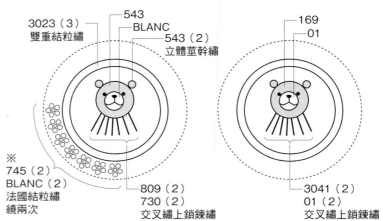

直徑38mm 包釦 原寸圖案

3023（3）
雙重結粒繡

543
BLANC
543（2）
立體莖幹繡

※
745（2）
BLANC（2）
法國結粒繡
繞兩次

809（2）
730（2）
交叉繡上鎖鍊繡

**1 米色熊**

169
01

3041（2）
01（2）
交叉繡上鎖鍊繡

**2 灰熊**

※帽子上的「洋甘菊包釦」圖案於p.67、瓢蟲圖案參照p.58。

## 刺繡方法順序

①熊、貓熊的刺繡方式參照p.40～p.42（雙線）。
　除了特別指定之外，皆使用雙線；眼睛、鼻子、嘴巴為310；嘴巴使用單線
※②花蕊　745（2）
　　花瓣　BLANC（2）　　法國結粒繡繞兩次、花瓣為5片　繡成繞一圈的樣子
③輪廓　3023（3）　使用雙重結粒繡繡一圈。

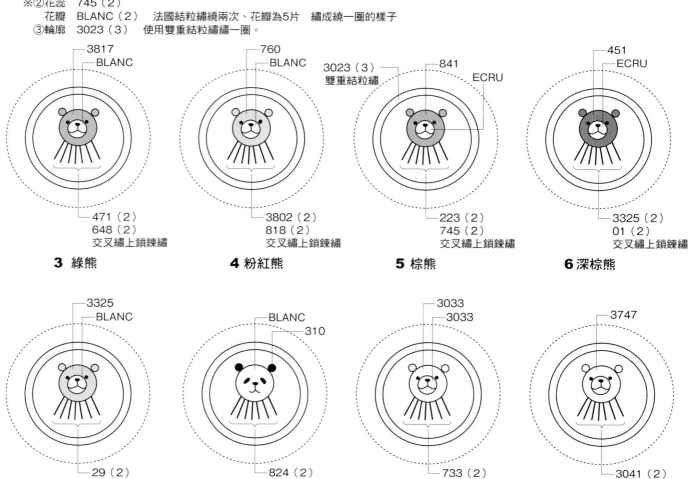

3817
BLANC

471（2）
648（2）
交叉繡上鎖鍊繡

**3 綠熊**

760
BLANC

3802（2）
818（2）
交叉繡上鎖鍊繡

**4 粉紅熊**

3023（3）
雙重結粒繡

841
ECRU

223（2）
745（2）
交叉繡上鎖鍊繡

**5 棕熊**

451
ECRU

3325（2）
01（2）
交叉繡上鎖鍊繡

**6 深棕熊**

3325
BLANC

29（2）
211（2）
交叉繡上鎖鍊繡

**7 淺藍色熊**

BLANC
310

824（2）
01（2）
交叉繡上鎖鍊繡

**8 熊貓**

3033
3033

733（2）
3072（2）
交叉繡上鎖鍊繡

**9 白熊**

3747

3041（2）
3078（2）
交叉繡上鎖鍊繡

**10 藍色熊**

## 包釦　基本製作方式

※若布料塞不進打台，
　也可以使用雙面膠固定鈕釦和布料。

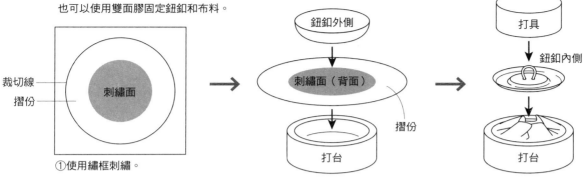

裁切線
摺份
刺繡面

①使用繡框刺繡。

鈕釦外側
刺繡面（背面）
摺份
打台

②將繡好的布料與鈕釦
　外側放在打台上裝好，
　摺份將鈕釦包起。

打具
鈕釦內側
打台

③將鈕釦內側放上，
　以打具壓進去。

## 髮圈

①剪一塊與鈕釦同大的皮革，
　切一道口讓中間突起部分能夠穿過去。

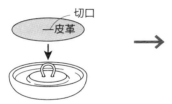

切口
皮革

②使用手工藝用黏膠將皮革
　貼在鈕釦背面。

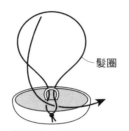

髮圈

③將20cm髮圈穿過鈕釦圈。

## 別針

鈕釦內側

①以老虎鉗將鈕釦內側
　突起部分拔掉。

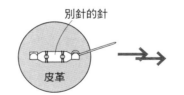

別針的針
皮革

②剪一塊與鈕釦同大的皮革，
　將別針的針縫上去。

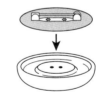

③將鈕釦包好、鈕釦內側也壓進去之後，
　以手工藝品用黏膠把步驟②的
　東西黏在鈕釦背面。

## 釘針、釘式別針、耳針

鈕釦內側

①以老虎鉗將鈕釦內側
　突起部分拔掉。

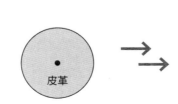

皮革

②剪一塊和鈕釦同大的皮革，
　在中間開個洞。

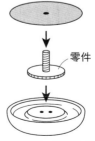

零件

③將鈕釦包好、鈕釦內側也壓進去之後，
　在鈕釦與皮革中間放上釘針、釘式別針或
　耳針的零件，以手工藝品用黏膠貼好。

## mimosa wreath with panda …圓圓束口袋 ⇒ 圖片p.8・p.9

**材料**

繡布／薄款細麻布
　　23cm×40cm 2兩片（表布、裡布）
繡線／ＤＭＣ25號繡線
　　使用顏色請參照圖案
手工藝品用化纖棉花、圓繩40cm兩條

**完成尺寸**　寬13cm×深16.5cm

**製作方法**

❶ 參照圖案與p.40～p.42、p.36刺繡在麻
　 布上。

❷ 將步驟❶的材料與裡布依照紙型裁剪，作
　 成束口袋（參照p.53）

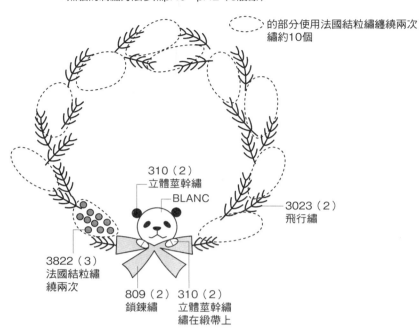

**原寸圖案**
●熊貓的刺繡方法參照p.40～p.42（3股線）

的部分使用法國結粒繡纏繞兩次
繡約10個

310（2）
立體莖幹繡

BLANC

3023（2）
飛行繡

3822（3）
法國結粒繡
繞兩次

809（2）
鎖鍊繡

310（2）
立體莖幹繡
繡在緞帶上

## triple ice cream cones with pandas …圓圓束口袋 ⇒ 圖片p.10・p.11

**材料**

繡布／薄款細麻布
　　23cm×40cm 兩片（表布、裡布）
繡線／ＤＭＣ25號繡線
　　使用顏色請參照圖案
手工藝品用化纖棉花、圓繩40cm 兩條

**完成尺寸**　寬13cm×深16.5cm

**製作方法**

❶ 參照圖案與p.40～p.42、p.36刺繡
　 在麻布上。
　 冰淇淋的刺繡方法參照p.34。

❷ 將步驟❶的材料與裡布依照紙型裁成，
　 作成束口袋（參照p.53）

**冰淇淋刺繡步驟**

①使用雙線的莖幹繡繡輪廓。
②換成六線繡螺旋網繡。
　第二層也以相同目數去繡。
　第三層開始每三目少一目減少目數。
　塞棉花進去之後收洞（參照p.38洋甘菊刺繡方法）
③冰淇淋杯的部分使用釘線繡（以4股線作為基底）
④融化的部分使用直線繡繡。

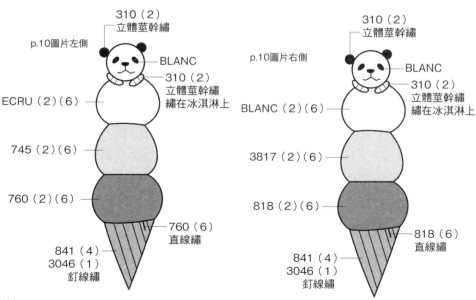

**原寸圖案**
●熊貓的刺繡方法參照p.40～p.42（3股線）

p.10圖片左側

310（2）
立體莖幹繡

BLANC

310（2）
立體莖幹繡
繡在冰淇淋上

ECRU（2）（6）

745（2）（6）

760（2）（6）

760（6）
直線繡

841（4）
3046（1）
釘線繡

p.10圖片右側

310（2）
立體莖幹繡

BLANC

310（2）
立體莖幹繡
繡在冰淇淋上

BLANC（2）（6）

3817（2）（6）

818（2）（6）

818（6）
直線繡

841（4）
3046（1）
釘線繡

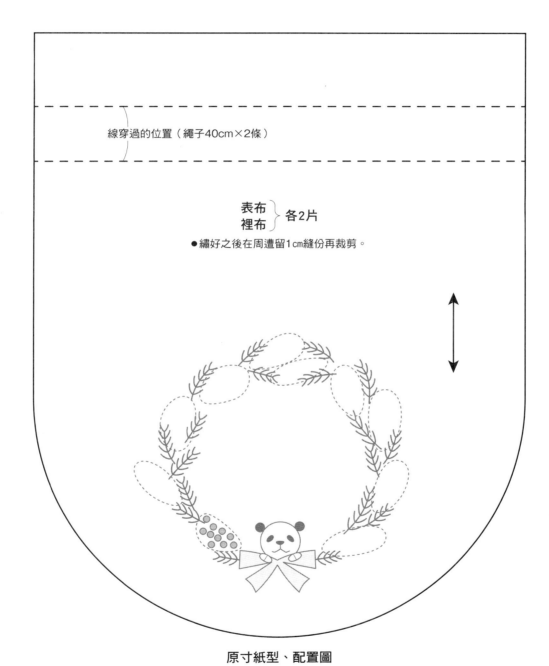

線穿過的位置（繩子40cm×2條）

表布
裡布 } 各2片

●繡好之後在周遭留1cm縫份再裁剪。

原寸紙型、配置圖

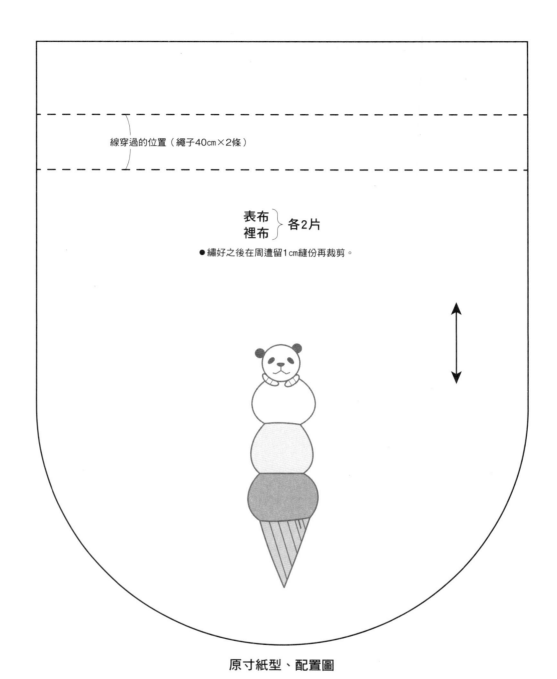

線穿過的位置（繩子40cm×2條）

表布
裡布
}各2片

● 繡好之後在周遭留1cm縫份再裁剪。

原寸紙型、配置圖

## 圓圓束口袋製作方法

· 圖中的單位為cm

①在表布的正面刺繡、裁剪布料。
（表布2片、裡布2片）
②將表布與裡布的正面相對，縫合開口。

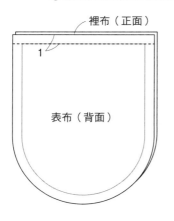

裡布（正面）

1

表布（背面）

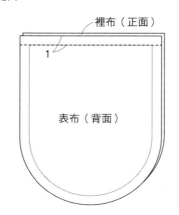

裡布（正面）

1

表布（背面）

③以熨斗壓好縫份，留下繩子要穿過的位置1.5cm、返口6cm之後，
縫合一圈。中間剪開。從返口翻回正面。

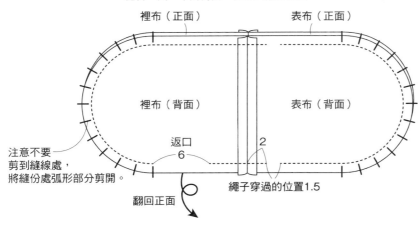

裡布（正面）　　　　　　　　表布（正面）

裡布（背面）　　　　　　表布（背面）

返口
6

2

繩子穿過的位置1.5

注意不要
剪到縫線處，
將縫份處弧形部分剪開。

翻回正面

④收合返口。
縫兩圈作出穿繩子的位置。

2

繩子穿過的位置1.5

表布（正面）

⑤將兩條圓繩穿過去。尾端打結。

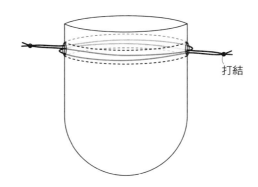

打結

*panda & bears with leaves* ··· 寬底拉鍊包 ⇒ 圖片p.12 · p.13

**材料**

繡布／薄款細麻布
　　　35cm×25cm 兩片（表布、裡布）
　　　5cm×35cm（織繩、吊帶）
繡線／ＤＭＣ25號繡線 使用顏色請參照圖案
布襯／薄款棉質　35cm×25cm 兩片
手工藝品用化纖棉花、20cm 拉鍊、D環1個、
鑰匙環1組

**完成尺寸**
寬20cm×深15cm×底寬5cm

**製作方法**

❶　將內襯燙到繡布上（織繩不用）

❷　參照圖案與p.40～p.42、p.36在步驟❶的表布上刺繡。

❸　將步驟❷的布料與裡布依照需求尺寸剪好，作成寬底拉鍊包（參照p.56、
　　p.57、p.67）

　※若在拉鍊閉合狀態下縫合，無法翻回正面，請多加小心。

<br>

## 原寸圖案

●熊、貓熊的刺繡方法參照p.40～p.42（3股線）
●眼睛、鼻子、嘴巴為310；眼睛、鼻子使用雙線；嘴巴使用單線。
●緞帶的刺繡方式參照p.47

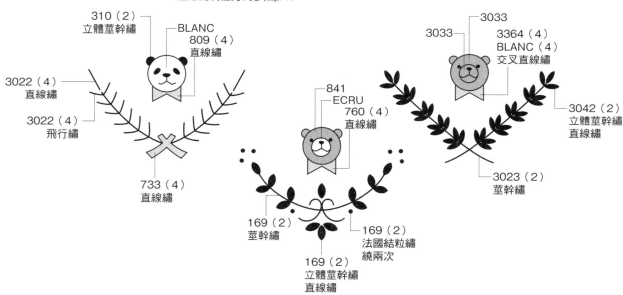

310（2）
立體莖幹繡

BLANC
809（4）
直線繡

3022（4）
直線繡

3022（4）
飛行繡

733（4）
直線繡

3033

3033

3364（4）
BLANC（4）
交叉直線繡

3042（2）
立體莖幹繡
直線繡

3023（2）
莖幹繡

841
ECRU
760（4）
直線繡

169（2）
莖幹繡

169（2）
法國結粒繡
繞兩次

169（2）
立體莖幹繡
直線繡

**熊&葉片圖案**

*bears with leaves* …**平口拉鍊包** ⇒ 圖片p.14・p.15

**材料**

繡布／薄款細麻布
　　35cm×25cm 兩片（表布、裡布）
　　5cm×35cm（織繩、吊帶）
繡線／ＤＭＣ25號繡線 使用顏色請參照圖案
布襯／薄款棉質　35cm×25cm 兩片
手工藝品用化纖棉花、20cm 拉鍊、D環1個、
鑰匙環1組

**完成尺寸**
寬20cm×深15cm

**製作方法**

❶　以熨斗將內襯燙到繡布上（織繩不用）
❷　參照圖案與p.38～p.40、p.42在步驟❶的表布上刺繡。
❸　將步驟❷的布料與裡布依照需求尺寸剪好，作成平底拉鍊包（參照p.56、
　　p.57、p.67）
　　※若在拉鍊閉合狀態下縫合會翻不回正面，必須多加小心。

**原寸圖案**

●熊、貓熊的刺繡方式參照p.40～p.42（3股線）
●眼睛、鼻子、嘴巴為310；眼睛、鼻子使用雙線；嘴巴使用單線。
●緞帶的刺繡方式參照p.47。

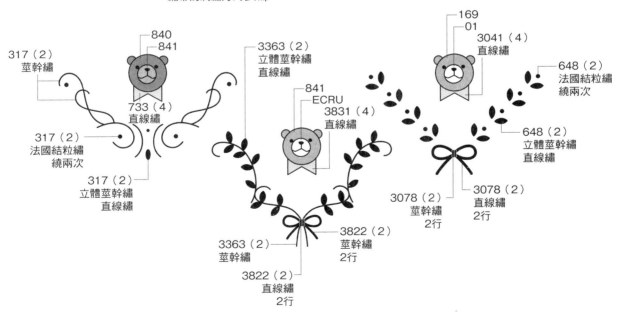

## 寬底拉鍊包、平口拉鍊包製作方法

・圖中單位為cm

### 尺寸圖

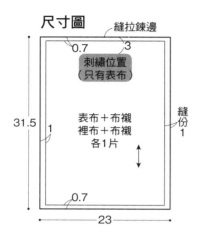

31.5

縫拉鍊邊

0.7　　3

刺繡位置
（只有表布）

表布＋布襯
裡布＋布襯
各1片

縫份 1

1

0.7

23

①拉鍊前置準備
　將邊角往內側摺三角型，以手縫固定（4處）。

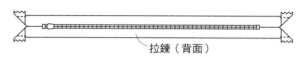

拉鍊（背面）

---

②將繡好的表布（正面）翻過來放上拉鍊（正面相對），將裡布的正面朝內放上。

拉鍊（背面）

刺繡面

表布（正面）

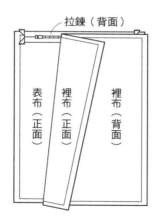

拉鍊（背面）

表布（正面）

裡布（正面）

裡布（背面）

③從布料邊緣往內0.7cm處縫合。

拉鍊（背面）　0.7

表布（正面）

裡布（背面）

---

④翻回正面熨燙，從布邊往內0.2cm縫好。

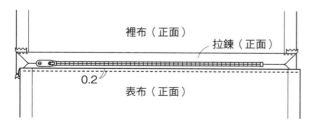

裡布（正面）

拉鍊（正面）

0.2

表布（正面）

⑤以拉鍊為中心將正面相對對好位置。

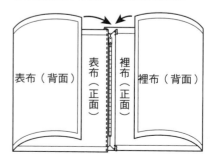

表布（背面）

表布（正面）

裡布（正面）

裡布（背面）

⑥由布料邊緣往內0.7㎝處縫合。

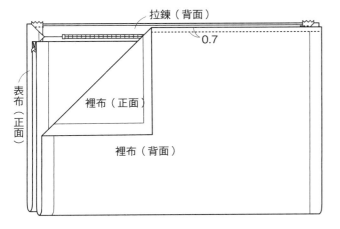

⑦打開拉鍊，翻回正面，將表布與裡布邊緣
　往內的0.2㎝縫份上方縫合（此處是最難縫的地方）

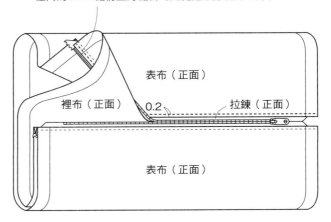

⑧縫上織繩、吊帶（參照p.67）。

⑨再次翻回背面，將表布與裡布正面相對。
　將一邊對摺，把穿過吊帶的鑰匙環夾入。
　留下返口6㎝之後，縫合布料邊緣向內1㎝處。

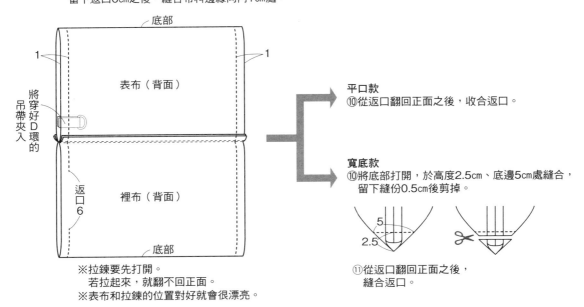

平口款
⑩從返口翻回正面之後，收合返口。

寬底款
⑩將底部打開，於高度2.5㎝、底邊5㎝處縫合，
　留下縫份0.5㎝後剪掉。

⑪從返口翻回正面之後，
　縫合返口。

**寬底拉鍊包、平口拉鍊包的掛繩及吊帶製作方式→ p.67**

*ladybug, strawberry, cherry & corn on the cob* ⋯**小圖樣** ⇒ 圖片p.16・p.17

**材料**
繡布／薄款細麻布　15cm×15cm
繡線／ＤＭＣ25號繡線　使用顏色請參照圖案
手工藝品用化纖棉花

**完成尺寸**
請參照原寸圖案

**製作方法**
❶　參照圖案在麻布上刺繡。
❷　依自己的喜好製成首飾等物品（參照p.49）。

**原寸圖案**

**櫻桃**

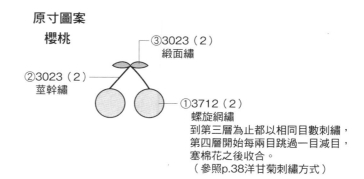

③3023（2）
緞面繡

②3023（2）
莖幹繡

①3712（2）
螺旋網繡
到第三層為止都以相同目數刺繡，
第四層開始每兩目跳過一目減目，
塞棉花之後收合。
（參照p.38洋甘菊刺繡方式）

**草莓**

②3013（2）
立體莖幹繡
直線繡

①3831（2）
螺旋網繡
到第三層為止都以相同目數刺繡
第四層開始每兩目跳過一目減目
塞棉花之後收合。
（參照p.38洋甘菊刺繡方式）

③746（2）
短的直線繡

**玉米**

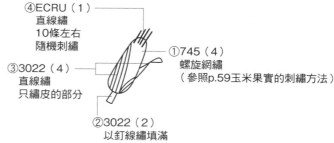

④ECRU（1）
直線繡
10條左右
隨機刺繡

①745（4）
螺旋網繡
（參照p.59玉米果實的刺繡方法）

③3022（4）
直線繡
只繡皮的部分

②3022（2）
以釘線繡填滿

**瓢蟲**

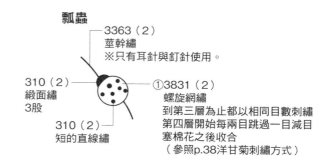

3363（2）
莖幹繡
※只有耳針與釘針使用。

310（2）
緞面繡
3股

①3831（2）
螺旋網繡
到第三層為止都以相同目數刺繡
第四層開始每兩目跳過一目減目
塞棉花之後收合
（參照p.38洋甘菊刺繡方式）

310（2）
短的直線繡

**玉米果實的刺繡方法**

①使用莖幹繡繡一圈輪廓，
以粗線單一方向，
繡上螺旋網繡。

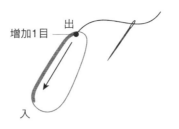

增加1目
出
入

②從背面將線拉回去重複，
由原先開始繡的地方更前面出針，
開始繡第一目，
因此第二層會多一目。

出
入

③一直繡到右邊的輪廓，
在右邊浮起的狀態下塞棉花。
照著步驟①繡好的輪廓收邊，
在上面繡玉米鬚和皮。

**瓢蟲的耳針、釘針　15mm包釦**

紙型

繡好之後，抓好包釦用的摺
份再裁剪。
耳針、釘針的製作方式
參照 p.49

摺份

這是耳針、釘針的尺寸
不需要描線

**扉頁（p.1）的原寸圖案**
●熊、熊貓的刺繡方式參照p.40～p.42（雙線）
●眼睛、鼻子、嘴巴為310；只有嘴巴使用單線。
※洋甘菊刺繡方式參照p.38、p.39。
●除了特別指定之外，皆使用雙線。

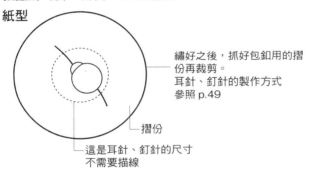

3046
BLANC — BLANC
841　ECRU
BLANC　310
543　BLANC
169
3013
648
莖幹繡
809（1）
釘線繡
3712（3）
3712（1）
釘線繡
3712（1）
釘線繡
3817（1）
釘線繡
3712（2）
直線繡
839
釘線繡
809
莖幹繡

59

*gerbera daisies* ⇒ 圖片p.18

**材料**
繡布／薄款細麻布　31cm×23cm
繡線／DMC25號繡線　使用顏色請參照圖案

**完成尺寸**
刺繡面　21cm×9cm

**製作方式**
參照圖案與p.43、p.37
繡上緞帶。

緞帶刺繡方式

① 立體莖幹繡

② 直線繡

③ 直線繡

原寸圖案

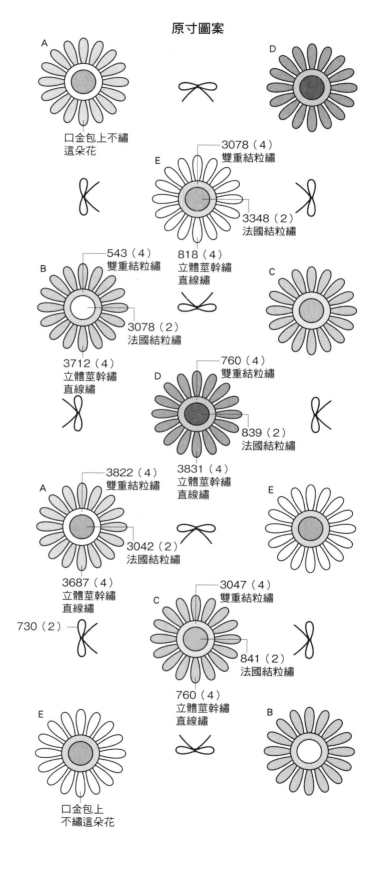

A
口金包上不繡
這朵花

D

E
3078（4）
雙重結粒繡
3348（2）
法國結粒繡

B
543（4）
雙重結粒繡
818（4）
立體莖幹繡
直線繡
C

3078（2）
法國結粒繡

3712（4）
立體莖幹繡
直線繡

D
760（4）
雙重結粒繡
839（2）
法國結粒繡

3831（4）
立體莖幹繡
直線繡

A
3822（4）
雙重結粒繡
3042（2）
法國結粒繡
E

3687（4）
立體莖幹繡
直線繡

730（2）

C
3047（4）
雙重結粒繡
841（2）
法國結粒繡

760（4）
立體莖幹繡
直線繡
B

E
口金包上
不繡這朵花

*sunflowers* … 口金包 ⇒ 圖片p.19

**材料**

繡布／薄款細麻布
　　　32cm×32cm（表布、裡布）2片
繡線／ＤＭＣ25號繡線
　　　使用顏色請參照圖案
布襯／薄款棉質　32cm×32cm
　　　（只有表布需要）
口金／寬18cm×高4.5cm方型圓角款
　　　金色（F25／18cm角丸BGL）
※口金包需要的工具請參照p.35

**完成尺寸**

寬18cm×深11cm

**製作方法**

❶　將布襯以熨斗燙在繡布（表布）上。
❷　參照圖案與p.43、p.37在步驟❶
　　的布料上刺繡。
❸　將步驟❷的布料與裡布依照紙型
　　裁好，製成口金包（參照p.76、
　　p.77）

紙型‧原寸圖案

底部中央褶雙

※此處使用顏色號碼是向日葵的顏色號碼
洋甘菊的顏色號碼請參照p.58。

緞帶刺繡方式
參照p.60

809（2）

745（4）
立體莖幹繡
直線繡

839（4）
雙重結粒繡

841（2）
法國結粒繡

3822（4）
立體莖幹繡
直線繡

733（4）
立體莖幹繡
直線繡

3047（2）
法國結粒繡

3046（4）
立體莖幹繡
直線繡

840（4）
雙重結粒繡

3013（2）
法國結粒繡

表布＋布襯
裡布
各1片

● 刺繡後在周圍留下0.7cm的縫份後裁剪。

*flower alphabet* ⇒ 圖片p.20・p.21

**材料**
繡布／薄款細麻布
　　　31cm×23cm
繡線／ＤＭＣ25號繡線
　　　使用顏色請參照圖案

**完成尺寸**
請參照原寸圖案

**製作方法**
參照圖案與p.38、p.39
在麻布上刺繡

原寸圖案

- 花朵參照A的刺繡方法
- 英文字母使用莖幹繡上色（2）或莖幹繡（2）
- 洋甘菊的刺繡方式參照p.38、p.39
- ◯ 為紫色花瓣的花，參照「A」

809（2）
莖幹繡
上色

3078（2）

BLANC（2）

318（2）
莖幹繡

3364（2）

3348（2）

3042（1）
緞面繡

3078（4）
法國結粒繡
纏繞兩次
約5個

317（2）

3348（2）

760（2）

3348（2）

3023（2）

3023（2）

3348（2）

318（2）

809（2）

3712（2）

3023（2）

3023（2）

3364（2）

3047（2）

224（2）

3041（2）

3348（2）

3348（2）

451（2）

3364（2）

809（2）

3348（2）

317（2）

3023（2）

62

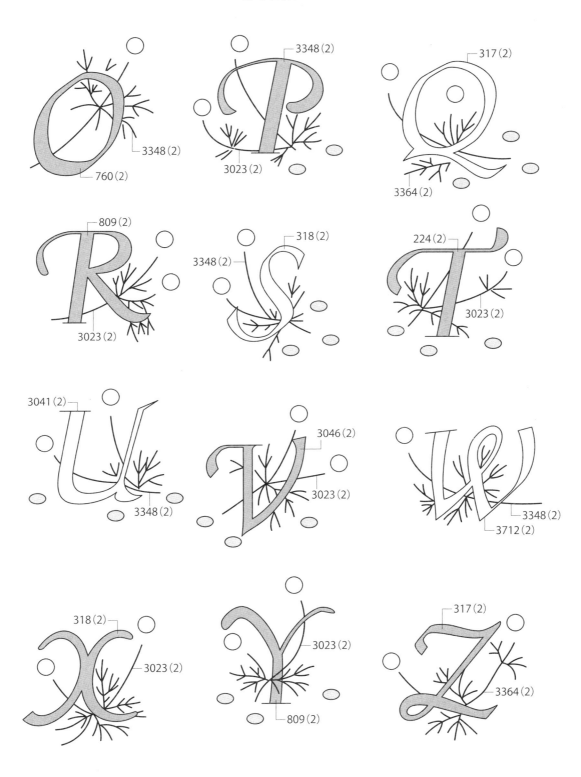

*flower alphabet* ⋯**針線包** ⇒ 圖片p.22

**材料**
繡布／薄款細麻布　32cm×35cm
　　　　（表布、裡布、口袋）
繡線／ＤＭＣ25號繡線　使用顏色請參照圖案
布襯／薄款棉質　10cm×15cm（只有表布需要）
手工藝品用化纖棉花
口金／寬9cm×高6cm方形圓角金色
　　　（F21／9cm角丸G）
※口金包工具請參照p.35

**完成尺寸**
寬7.5cm×長9cm

**製作方法**
❶　以熨斗將布襯貼到繡布（表布）上。
❷　參照圖案（p.62、p.63）及p.38、p.39刺繡在步驟❶的布料上。
❸　將步驟❷的布料與裡布、口袋依照紙型裁剪。
❹　製作內側，製成口金包型的針線包（參照p.65）

**紙型**

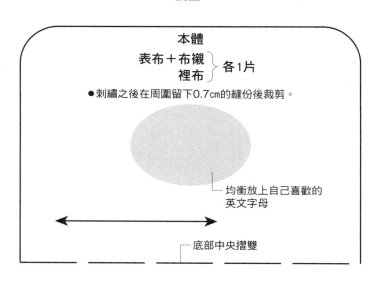

**本體**
**表布＋布襯**
**裡布**　}　各1片
●刺繡之後在周圍留下0.7cm的縫份後裁剪。

└ 均衡放上自己喜歡的
　英文字母

└ 底部中央摺雙

└ 入口摺雙

**口袋　1個**
●在周圍留下0.7cm縫份後裁剪。

# 針線包製作方式

· 圖中的單位為cm

①在表布後貼好布襯後刺繡。
　將表布、裡布、口袋都留下0.7cm縫份後裁剪。

表布（正面）
刺繡面（正面）
0.7

②將口袋邊緣摺好，如圖重疊在裡布上。
　留下塞棉花的口子之後，縫好周圍，接下來縫中心。

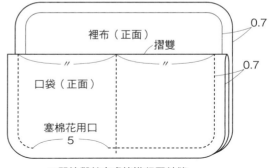

裡布（正面）
摺雙
0.7
"　"
口袋（正面）
0.7
塞棉花用口
5

※開始與結束處皆進行回針縫。

③將表布與步驟②已經縫好的裡布正面相對，
　留下返口之後縫合。

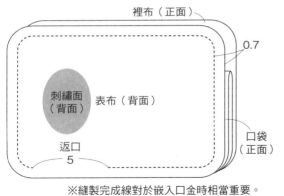

裡布（正面）
0.7
刺繡面（背面）
表布（背面）
口袋（正面）
返口
5

※縫製完成線對於嵌入口金時相當重要。

④在邊角剪開口子，注意不要剪到縫線，
※若先以熨斗燙好縫份，就能作得漂亮而不會皺皺的。

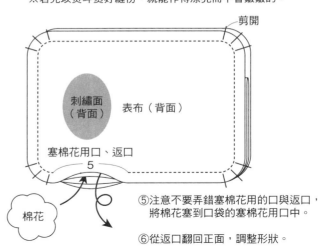

剪開
刺繡面（背面）
表布（背面）
塞棉花用口、返口
5
棉花

⑤注意不要弄錯塞棉花用的口與返口，
　將棉花塞到口袋的塞棉花用口中。

⑥從返口翻回正面，調整形狀。

⑦以熨斗燙好周圍的形狀，從布料邊緣往內0.3cm處縫起。
　縫合返口（這樣會比較好裝入口金內）

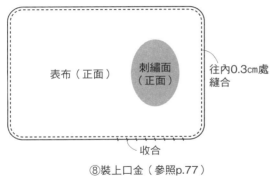

表布（正面）
刺繡面（正面）
往內0.3cm處縫合
收合

⑧裝上口金（參照p.77）

*flower alphabet* … 針包 ⇒ 圖片p.23

**材料**
繡布／薄款細麻布　15cm×15cm 兩片
繡線／ＤＭＣ25號繡線　使用顏色請參照圖案
手工藝品用化纖棉花、長寬7.5cm 方型厚紙板

**完成尺寸**
8cm×8cm×1.5cm

**製作方法**
❶　參照圖案（p.62、p.63）與p.38、p.39在一片繡布上刺繡。
❷　將步驟❶的布料與另一片布料縫合三邊後，依照尺寸裁好，製成針包。

**針包製作方式** · 圖中單位為cm

①將一片布料假縫上長寬8cm方形後，
　將圖案繡在正中間。
（正面）

0.5

8

8　刺繡面
　　（背面）

（背面）

②將另一片布料與原先布料
　正面相對，縫合三邊後，
　拿掉疏縫線。

③留下縫份0.5cm後裁掉三邊。

④剪掉兩個角，
　以熨斗燙好縫份，
　（角剪掉之後布料重疊的部分變少，
　就會比較漂亮）

刺繡面
（正面）

⑤翻回正面塞入厚紙板與棉花，
　將返口摺進去後收合。

66

接續p.57寬底拉鍊包、平口拉鍊包 ·圖中單位為cm

### 掛繩、吊環的製作方式

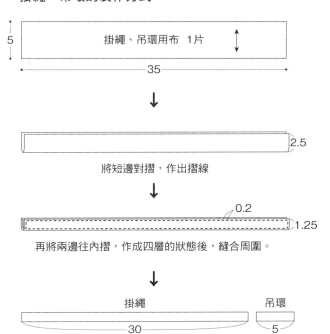

| 5 | 掛繩、吊環用布　1片 | ↕ |

35

↓

2.5

將短邊對摺,作出摺線

↓

0.2

1.25

再將兩邊往內摺,作成四層的狀態後,縫合周圍。

↓

| 掛繩 | 吊環 |

30　　　5

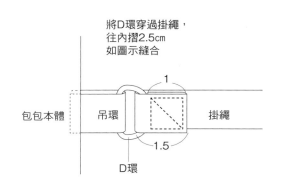

將D環穿過掛繩,
往內摺2.5cm
如圖示縫合

包包本體　吊環　掛繩

1

1.5

D環

另一邊使用一樣的方法縫合鑰匙環

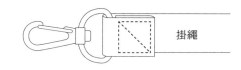

掛繩

*chamomiles* ···⇒ 圖片p.24

**材料**
繡布／薄款細麻布
　　 31cm×23cm
繡線／ＤＭＣ25號繡線
　　 使用顏色請參照圖案
手工藝品用化纖棉花

**完成尺寸**
請參照原寸圖案

**製作方法**
參照圖案與p.38、p.39
刺繡在麻布上

3046
BLANC
立體莖幹繡
直線繡

3023
飛行繡

27mm包釦

※圖片p.7 帽子上的
「洋甘菊包釦」圖案
包釦製作方式
請參照p.49

**原寸圖案**
● 全部使用雙線
● 不同圖案的花蕊黃色與花莖綠色組合相異
● 洋甘菊的刺繡方式請參照p.38、p.39
● 花朵參照上方圖案刺繡

3822

745

3348

3822
3022

3822 3022
莖幹繡

3046

3023
莖幹繡

809
莖幹繡

745

745

3013

3072
飛行繡

471

745

*chamomiles* ···口金包 ⇒ 圖片p.25

**材料**

繡布／薄款細麻布
　　32cm×32cm 兩片（表布、裡布）

繡線／ＤＭＣ25號繡線
　　使用顏色請參照圖案

布襯／薄款棉質　32cm×32cm
　　（只有表布需要）

手工藝品用化纖棉花

口金／寬18cm×高4.5cm
　　方形圓角金色
　　（F25／18cm角丸BGL）

※口金包工具請參照p.35

**完成尺寸**

寬18cm×深11cm

**製作方法**

❶　以熨斗將布襯黏貼在繡布（表布）
　　上。

❷　參照圖案與p.38、p.39在步驟❶的
　　布料上刺繡。

❸　將步驟❷的布料與裡布依
　　照紙型裁切，製成口金包
　　（參照p.76、p.77）

紙型、原寸圖案
● 全部使用雙線
● 洋甘菊的刺繡方式請參照p.38、p.39

底布中央摺雙

表布+布襯
裡布 } 各1片

● 刺繡之後在周圍留下0.7cm的縫份後裁剪。

葉片使用飛行繡刺繡
·參照p.38、p.39

3024 莖幹繡

BLANC

3078

69

*herbs with hemp string* …⇒ 圖片p.26

**材料**
繡布／薄款細麻布　31cm×23cm
繡線／DMC25號繡線　使用顏色請參照圖案

**完成尺寸　請參照原寸圖案**

**製作方法**
參照圖案與p.34、p.35刺繡在布料上

### 原寸圖案
● 洋甘菊的刺繡方式參照p.38、p.39。

*herbs with hemp string* … **隱藏式寬底迷你提包** ⇒ 圖片p.28

**材料**
繡布／薄款細麻布　70cm×50cm（表布、裡布）
繡線／DMC25號繡線 使用顏色請參照圖案
布襯／薄款棉質　70cm×25cm（只有表布需要）
手工藝品用化纖棉花
提把／寬1cm皮革　45cm兩條

**完成尺寸　寬20cm×深25cm×底寬4cm**

**製作方法**
❶　以熨斗將布襯貼在繡布（表布）上。
❷　參照p.38、p.39、p.37在步驟❶的布料上刺繡。
❸　將步驟❷的布料與裡布依照紙型裁剪，製成包包（參照p.71）

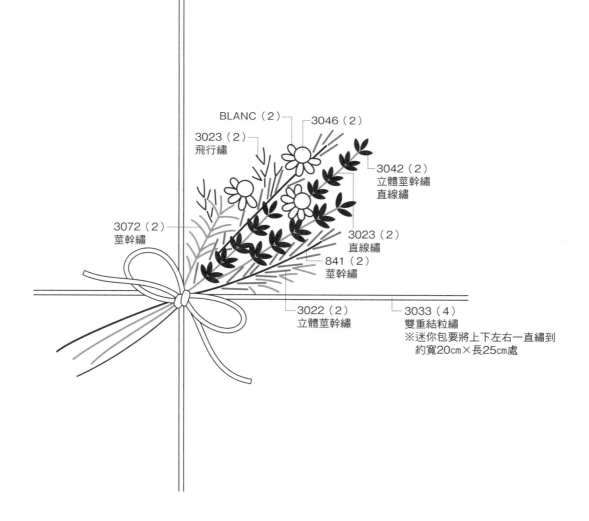

BLANC（2）
3046（2）
3023（2）
飛行繡
3042（2）
立體莖幹繡
直線繡
3072（2）
莖幹繡
3023（2）
直線繡
841（2）
莖幹繡
3022（2）
立體莖幹繡
3033（4）
雙重結粒繡
※迷你包要將上下左右一直繡到
約寬20cm×長25cm處

## 隱藏式寬底迷你提包製作方式　　　·圖中單位為cm

### 尺寸圖

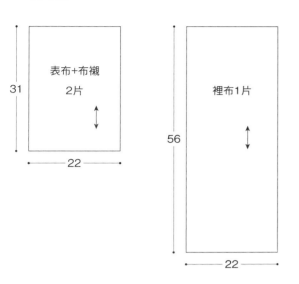

① 依照尺寸裁剪布料，在表布上貼好
　布襯以後刺繡。
② 將表布的正面相對縫合底邊之後，
　以熨斗燙好縫份。

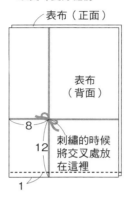

表布（正面）

表布
（背面）

8

12

刺繡的時候
將交叉處放
在這裡

1

③ 將表布上下往內摺3cm，裡布上下
　往內摺1cm（布料就會變成相同尺寸）
　背面相對，中間疏縫。

1
3

表布（正面）

裡布
（背面）

底邊

疏縫

3
1

④-1
對摺之後因要作出底部，
所以將裡布周邊2cm處摺
好再打開。

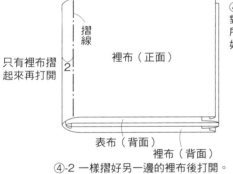

摺線

只有裡布摺
起來再打開

2

裡布（正面）

表布（背面）

裡布（背面）

④-2 一樣摺好另一邊的裡布後打開。

裡布（背面）

表布（背面）

2

④-3 將兩邊縫合，拆掉疏縫線。

縫合布邊往內1cm處

裡布（背面）

表布（背面）

⑤ 從表布的入口將底部拉出，翻回正面後，
　夾好提把，在上端縫合一圈。

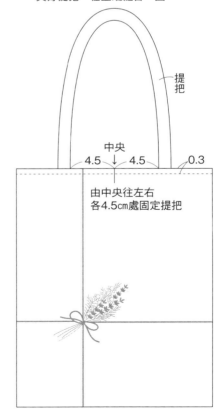

提把

中央
4.5　4.5　0.3

由中央往左右
各4.5cm處固定提把

71

*chamomile bouquet with bow, herbs with hemp string* ...**書套** ⇒ 圖片p.27

**材料**

繡布／薄款細麻布
　　　　20cm×40cm 兩片（表布、裡布）
繡線／DMC25號繡線　使用顏色請參照圖案
布襯／薄款棉質　20cm×40cm（只有表布需要）
手工藝品用化纖棉花、寬1.5cm的扁平橡皮筋19cm
寬0.4cm的緞帶22cm

完成尺寸　文庫本尺寸

**製作方法**

❶　以熨斗將布襯貼在繡布（表布）上
❷　參照圖案與p.38、p.39、p.37在步驟❶的布料上刺繡。
❸　將步驟❷的布料與裡布依照紙型裁剪，製成書套。

*herbs with hemp string* 的圖案參照p.70

固定書籤線的位置

**原寸圖案**
● 全部使用雙線
● 洋甘菊的刺繡方式參照p.38、p.39。

3046
螺旋網繡

BLANC
立體莖幹繡
直線繡

3023
飛行繡

3023
莖幹繡

809
莖幹繡上色

中心

## 書套製作方法

・圖中單位為㎝

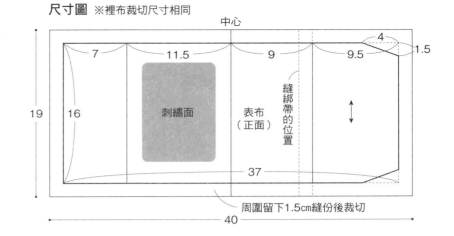

尺寸圖 ※裡布裁切尺寸相同

中心

7　　11.5　　9　　9.5　　4　　1.5

19　16

刺繡面

表布（正面）

縫綁帶的位置

37

40

周圍留下1.5㎝縫份後裁切

①將綁帶（橡皮筋）與書籤（緞帶）
　疏縫在表布的縫份上。

書籤（緞帶）

綁帶（扁平橡皮筋）

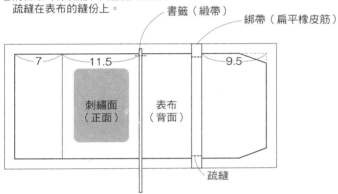

7　11.5　9.5

刺繡面（正面）

表布（背面）

疏縫

②將表布與裡布的正面相對後將A部分縫合
　（開始與結束處都要進行回針縫）

裡布（正面）　A

表布（背面）

刺繡面（背面）

1.5

③留下縫份0.5㎝後裁剪，
　以熨斗燙好。

④往內摺7㎝，留下返口6㎝後，縫合周圍。
　書籤放在內側，不要縫到書籤。

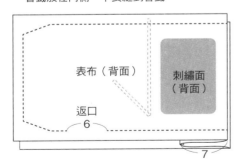

表布（背面）

刺繡面（背面）

返口
6

7

⑤留下縫份0.5㎝後裁剪，
　（翻回正面前，將角落部分剪掉2mm左右，
　以熨斗燙好，翻過來就不會太厚、作起來比較漂亮）

表布（背面）

刺繡面（背面）

返口
6

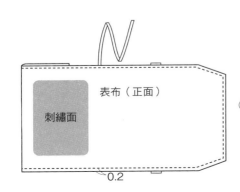

表布（正面）

刺繡面

0.2

⑥翻回正面，以熨斗調整形狀後，
　將周圍縫一圈。

**材料**

繡布／薄款細麻布　25cm×15cm 兩片（表布、裡布）
繡線／ＤＭＣ25號繡線　使用顏色請參照圖案
布襯／薄款棉質　25cm×15cm（只有表布需要）
手工藝品用化纖棉花
口金／寬7.6cm×高3.8cm方形圓角金色（F18／7.5cm角丸G）
※口金包工具請參照p.35

**完成尺寸**

寬8cm×深8cm

**製作方法**

❶　以熨斗將布襯貼在繡布（表布）上。

❷　參照圖案與p.38、p.39、p.37在步驟❶的布料上刺繡。

❸　將步驟❷的布料與裡布依照紙型裁剪，製成口金包
　　（參照p.76、p.77）

### 紙型、原寸圖案
●洋甘菊的刺繡方式參照p.38、p.39

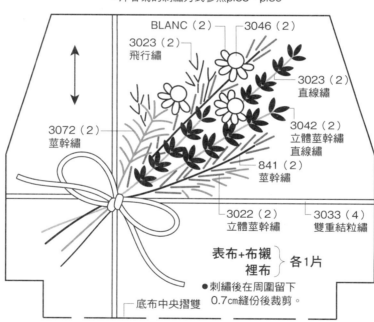

BLANC（2）
3046（2）
3023（2）
飛行繡
3023（2）
直線繡
3072（2）
莖幹繡
3042（2）
立體莖幹繡
直線繡
841（2）
莖幹繡
3022（2）
立體莖幹繡
3033（4）
雙重結粒繡

表布+布襯
裡布 } 各1片

●刺繡後在周圍留下
　0.7cm縫份後裁剪。

底布中央摺雙

**紙型、原寸圖案**

# 口金包紙型

此紙型共用於各作品
若使用的口金和原圖指定不同，
請調整紙型上放口金的置入口。

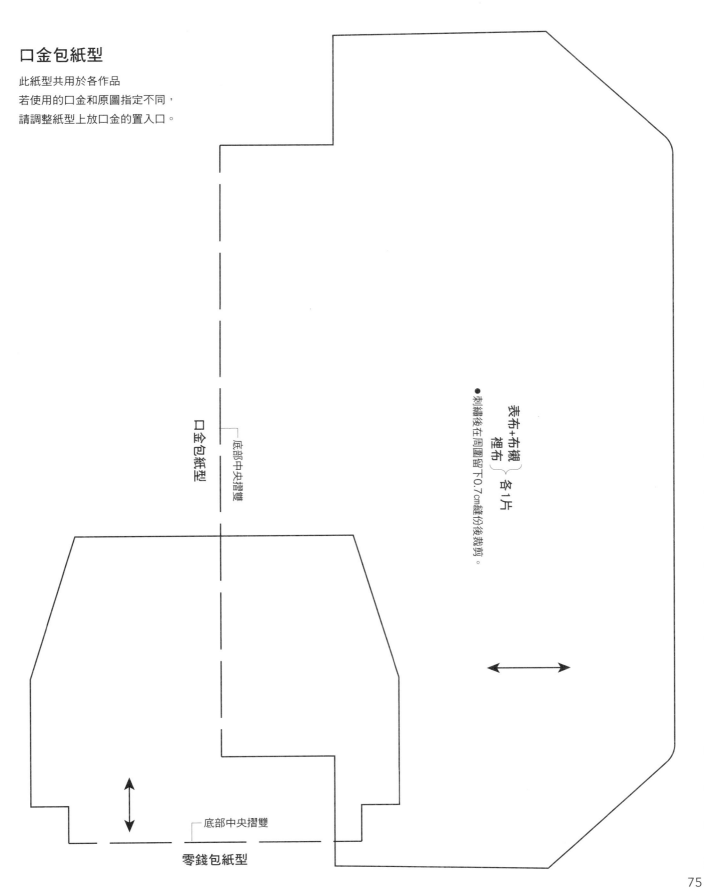

底部中央摺雙

口金包紙型

表布+布襯
裡布　　各1片
●刺繡後在周圍留下0.7cm縫份後裁剪。

底部中央摺雙

零錢包紙型

# 口金零錢包、口金包的製作方法

· 圖中單位為cm

①描好紙型貼上布襯、刺繡完成之後，
　將布料沿著邊緣指定處對半往內摺，縫合摺好後的兩邊，
　（考量到作成袋子時會出現的誤差，縫合的時候，
　縫在表布線條的0.1cm外側，裡布縫在線條的0.1cm內側）
②在周圍留下0.7cm縫份後裁剪，裡布以相同作法製作。

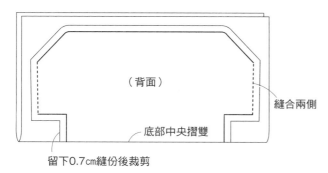

（背面）

縫合兩側

底部中央摺雙

留下0.7cm縫份後裁剪

③將兩邊的縫份以熨斗燙好，底部重疊後，
　縫合底部寬度的部分（由邊緣向內算0.7cm）
　（表布及裡布相同）

（背面）

0.7

④讓表袋與裡袋的正面相對疊合。

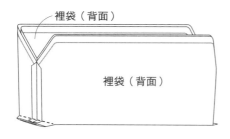

裡袋（背面）

裡袋（背面）

⑤留下返口（10cm／零錢包為5cm）之後
　將入口在0.7cm處縫合一圈。

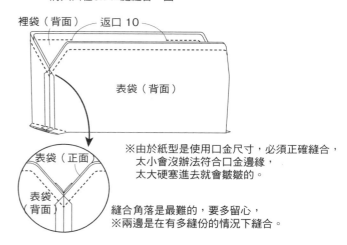

裡袋（背面）　　返口 10

表袋（背面）

表袋（正面）

表袋（背面）

※由於紙型是使用口金尺寸，必須正確縫合，
　太小會沒辦法符合口金邊緣，
　太大硬塞進去就會皺皺的。

縫合角落是最難的，要多留心，
※兩邊是在有多縫份的情況下縫合。

⑥將角落剪開，以熨斗燙好縫份，從返口翻回正面，
　（剪口的時候要注意不要剪到縫線）

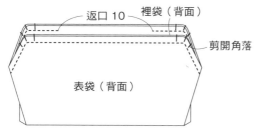

返口 10　　裡袋（背面）

剪開角落

表袋（背面）

※翻回正面，整理角落處的時候，可以平口螺絲起子
　從內側整理角落，就能翻得漂亮。

⑦包含返口，將上面整圈縫合
　（與口金尺寸相同）

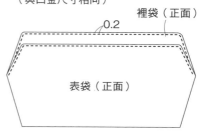

裡袋（正面）

0.2

表袋（正面）

翻回正面的狀態

# 口金零錢包、口金包的口金安裝方法

①配合口金剪好要用的紙繩。

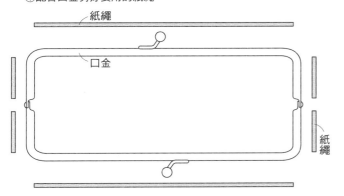

②在口金內側塗上手工藝品用黏膠。
（塗在裡面和側面的內側）

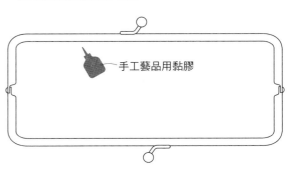

③打開紙繩重新捲好。

※重新捲一次會比較蓬鬆。

④依照口金中心、邊角、兩側的順序，
　以針錐將袋子布料塞到最裡面。

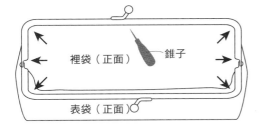

⑤將紙繩依照口金上方、兩側的順序塞進去，
　固定到口金不會動的程度。

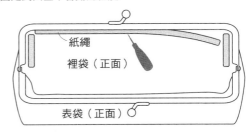

※塞進去之後，看著外側調整形狀，
　擦掉從口金滲出的黏膠，將袋口
　打開靜置直到黏膠乾燥。

⑥乾燥後便完成。

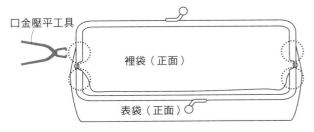

※若擔心口金會脫落，那就蓋著布料以免傷到口金，
　拿口金壓平工具（老虎鉗等）輕輕壓平口金的四處邊角。

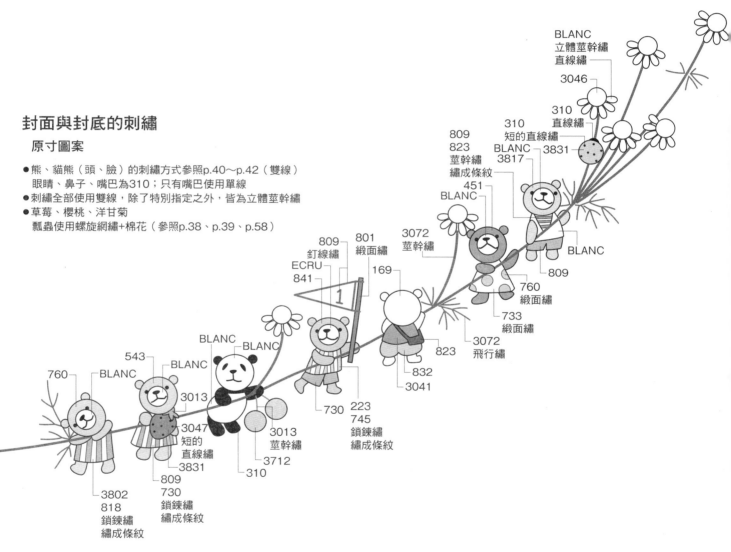

## 封面與封底的刺繡

### 原寸圖案

● 熊、貓熊（頭、臉）的刺繡方式參照p.40～p.42（雙線）
　眼睛、鼻子、嘴巴為310；只有嘴巴使用單線
● 刺繡全部使用雙線，除了特別指定之外，皆為立體莖幹繡
● 草莓、櫻桃、洋甘菊
　瓢蟲使用螺旋網繡＋棉花（參照p.38、p.39、p.58）

BLANC
立體莖幹繡
直線繡

3046

310
直線繡

809
823
莖幹繡
繡成條紋

短的直線繡

BLANC
3817

3831

451

BLANC

3072
莖幹繡

809

760
緞面繡

733
緞面繡

3072
飛行繡

823

832
3041

809
釘線繡

801
緞面繡

ECRU
841

169

BLANC

543

BLANC

BLANC

3013

3047
短的
直線繡

3831

809

730
鎖鍊繡
繡成條紋

3013
莖幹繡

3712

310

730

223
745
鎖鍊繡
繡成條紋

760

BLANC

3802
818
鎖鍊繡
繡成條紋

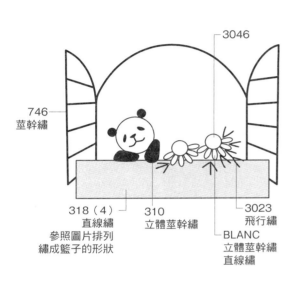

746
莖幹繡

3046

318（4）
直線繡
參照圖片排列
繡成籃子的形狀

310
立體莖幹繡

3023
飛行繡

BLANC
立體莖幹繡
直線繡

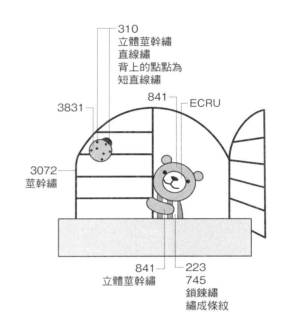

310
立體莖幹繡
直線繡
背上的點點為
短直線繡

3831

841　ECRU

3072
莖幹繡

841
立體莖幹繡

223
745
鎖鍊繡
繡成條紋

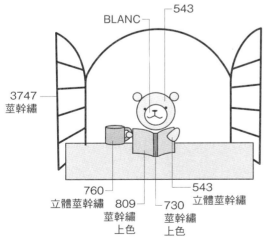

BLANC　543

3747
莖幹繡

760
立體莖幹繡

809
莖幹繡
上色

730
莖幹繡
上色

543
立體莖幹繡

原寸圖案

●熊、貓熊（頭、臉）的刺繡方式參照p.40～p.42（雙線）
　眼睛、鼻子、嘴巴為310；只有嘴巴使用單線
●除了特別指定之外，皆使用雙線。
※洋甘菊、瓢蟲使用螺旋網繡+棉花（參照p.38、p.39、p.58）

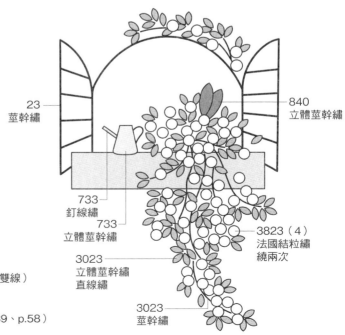

23
莖幹繡

840
立體莖幹繡

733
釘線繡

733
立體莖幹繡

3023
立體莖幹繡
直線繡

3023
莖幹繡

3823（4）
法國結粒繡
繞兩次

國家圖書館出版品預行編目資料

小巧可愛的立體刺繡：nana's stitch人氣手作家的布雜
貨、口金包、小物創作書/三浦名菜著；黃詩婷譯.
-- 初版. -- 新北市：雅書堂文化事業有限公司, 2024.03
面；　公分. -- (愛刺繡；32)
譯自：小さくてキュートな立體刺繡 nana`s stitch
ISBN 978-986-302-699-0(平裝)

1.CST: 刺繡 2.CST: 手工藝

426.2　　　　　　　　　　　　　113000214

三浦 名菜
MIURA NANA

刺繡作家。2012年居住於紐約時，居家附近就是布料店批發街，
因此對於布料產生一定興趣，開始製作孩子的服裝，也了解到手
工藝的魅力。回國後，接觸到立體刺繡，感受到其多采多姿表現
方式的樂趣，於2017年開始刺繡製作活動。2019年入圍日本手
藝普及協會主辦的「工藝品比賽&刺繡比賽」。2020年榮獲雜誌
大地主辦的「手工&工藝展」最優秀獎。同年出版《小巧可愛立
體刺繡nana' s stitch》。認為刺繡也是一種心靈療癒，發明了
「繡療」這個說法並持續進行相關活動。發表作品的IG帳號有一
萬多人追蹤。興趣是慢跑。
公式Instagram [nana_embroidery_works]
https://www.instagram.com/nana_embroidery_works

## 愛|刺|繡|32

# 小巧可愛的立體刺繡
## nana's stitch 人氣手作家的布雜貨、口金包、小物創作書

作　　　　者／三浦名菜
譯　　　　者／黃詩婷
發　行　　人／詹慶和
執　行　編　輯／黃璟安
編　　　　輯／劉蕙寧・陳姿伶・詹凱雲
封　面　設　計／陳麗娜
美　術　編　輯／韓欣恬・周盈汝
內　文　排　版／造極彩色印刷
出　版　　者／雅書堂文化事業有限公司
發　行　　者／雅書堂文化事業有限公司
郵 政 劃 撥 帳 號／18225950
戶　　　　名／雅書堂文化事業有限公司
地　　　　址／220新北市板橋區板新路206號3樓
電　　　　話／(02)8952-4078　傳真／(02)8952-4084
網　　　　址／www.elegantbooks.com.tw
電 子 信 箱／elegant.books@msa.hinet.net

新裝版小さくてキュートな立体刺繡 nana'sstitch
ⒸNana Miura 2021
Originally published in Japan by Shufunotomo Co., Ltd
Translation rights arranged with Shufunotomo Co., Ltd.
Through Keio Cultural Enterprise Co., Ltd.

2024年03月初版一刷　定價／420元

經銷／易可數位行銷股份有限公司
地址／新北市新店區寶橋路235巷6弄3號5樓
電話／(02)8911-0825　　傳真／(02)8911-0801

**staff**

書籍設計　　　　堀江京子（netz.inc）
攝影　　　　　　三好宜弘[全書]
　　　　　　　　佐山裕子[p.30]（主婦之友社）
模特兒　　　　　fuki
DTP製作　　　　明昌堂
圖案、製作方式插圖　株式會社ウエイド手藝製作部　原田鎮郎
校稿　　　　　　田中利佳
編輯　　　　　　大割里美
原書企劃　　　　広田豊子
責任編輯　　　　森信千夏（主婦之友社）
發行人　　　　　平野健一

●素材協力
**繡線**
DMC株式會社
https://www.dmc.com

**麻布**
布料店 petitfavori
https://www.rakuten.ne.jp/gold/petitfavori/

**口金**
株式會社 角田商店
http://www.tsunodaweb.shop/

●攝影協助
UTUWA
www.awabees.com

nana's stitch

nana's stitch

nana's stitch

nana's stitch